动物小镇的经济学·启迪孩子财商的故事绘本

猴子的记账本

芳飞翼 著　　海润阳光 绘

北京出版集团
北京教育出版社

图书在版编目（CIP）数据

猴子的记账本 / 芳飞翼著 ; 海润阳光绘. -- 北京 : 北京教育出版社，2023.3
（动物小镇的经济学. 启迪孩子财商的故事绘本）
ISBN 978-7-5704-4734-3

Ⅰ. ①猴… Ⅱ. ①芳… ②海… Ⅲ. ①财务管理－儿童读物 Ⅳ. ①TS976.15-49

中国版本图书馆 CIP 数据核字（2022）第 153558 号

猴子的记账本
HOUZI DE JIZHANGBEN
芳飞翼 著　　海润阳光 绘
责任编辑：张文超　　责任印制：肖莉敏

出　版　北京出版集团
　　　　北京教育出版社
地　址　北京北三环中路 6 号
邮　编　100120
网　址　www.bph.com.cn
总发行　京版北教文化传媒股份有限公司
经　销　全国各地书店
印　刷　天津联城印刷有限公司
版　次　2023 年 3 月第 1 版
印　次　2024 年 3 月第 2 次印刷
开　本　889 毫米 ×1194 毫米　1/16
印　张　2.125
字　数　25 千字
书　号　ISBN 978-7-5704-4734-3
定　价　25.80 元

如有印装质量问题，由本社负责调换
质量监督电话　010-58572844　010-58572393

序

当今社会，有很多年轻人沦为卡奴、月光族、借贷族，这种现象源于“财商”的缺失，智商和情商再高，缺了“财商”，可能成就越高，摔得越惨。

财商是与智商和情商同样重要的能力。培养一个能够正确看待和使用金钱，拥有理财思维的孩子，能帮助他们为将来拥有幸福的生活打下良好基础。

给孩子讲钱不容易。钱是什么？钱从哪来？为什么可以用它买东西？钱越多越好吗？有钱会让人快乐吗？这一连串的问题，该如何回答？怎么才能让孩子理解呢？《动物小镇的经济学·启迪孩子财商的故事绘本》用生动的语言、灵动的图画，把这些答案融入故事里。

我们知道，讲大道理孩子不爱听，但讲故事却能让孩子听得津津有味。这套绘本包括6个富有哲理的小故事，幽默诙谐，寓教于乐。

咕噜咕噜村和叽叽喳喳村想要交换物品，经过不断地尝试，他们终于找到了好办法。究竟是什么呢？看完《贝壳变成了钱》，可以请孩子来回答，动物们最后是如何解决的。

既然钱可以方便地换到东西，懒惰的乌鸦也想挣钱。一开始它把贝壳种在土里，渴望种出许许多多的钱，乌鸦会成功吗？钱到底从哪儿来呢？《乌鸦想挣钱》这本书可以告诉你答案。

如果钱多了，可以把钱存进银行，那么银行是干什么的呢？读完《野猪先生开银行》，你会知道为什么会有银行，我们为什么愿意把钱存进银行里。

我们要学会挣钱，也要学会花钱。《爱花钱的园丁鸟》这本书里，园丁鸟不停地拿出贝壳花，很快木箱里就只剩一枚贝壳了……这个故事告诉孩子：花钱要合理。

为了学习花钱，猴子还专门报了班。记账是管理零花钱的好办法，打开《猴子的记账本》，看看他是怎么做的。

野猪先生越来越有钱，变成富翁的野猪先生快乐吗？有钱了，我们该怎么办呢？野猪先生找到了答案。如果你也想知道，可以读这本《富翁野猪的烦恼》。

这套绘本用鲜活的形象，充满童趣的语言，风趣好玩的故事真诚地给孩子讲述了关于钱的多方面的知识。内容看似简单，却可能对人的一生产生深远的影响。如何与孩子谈钱，这套绘本一定可以帮到你。

经济学博士，副教授，硕士研究生导师 陈玲

猴子主要靠打短工挣贝壳。

他帮大黄狗散发宣传单。

小心！撞上了！
把咕噜咕噜村建成最美丽的家园！

帮鹳鸟晾晒鱼干和果脯。

果子非常甜，制作果脯再合适不过！
马儿嘚嘚快递
（加急需多付 2 个贝壳）
帮马卸货。
请动作麻利些，我的背快被压折了。

但生活往往并不如意。尽管辛勤工作，贝壳却总是不够花。

猴子去找乌鸦。

乌鸦递给他一张名片。

猴子去找狐狸。
专业理财师，24小时营业。理财课正在火热报名中！
你找对了！我是动物小镇最优秀的理财师。
营业中

小朋友，你有零花钱吗？有的话也可以自己管理，学习做金钱的小主人。可以先准备一个储蓄罐，把零花钱积攒起来。记得积少成多哟！
储蓄罐非常重要！本理财师的话，你要牢牢记住！
狐狸理财
免费赠送

狐狸建议猴子报理财课。

拉伯数字：0123456789
马数字：I II III IV V
文数字：一二三四
“狐狸理财”储蓄罐的使用方法：
从瓶口轻轻放入贝壳，
待贝壳装满，及时通知理财师。
注意事项：轻拿轻放。
破碎换新需交纳10枚贝壳。
狐狸理财
免费赠送

狐狸又要猴子学数字。哎呀，真头疼，猴子从来没见过这么多数字！

“狐狸理财”储蓄罐的使用方法：
从瓶口轻轻放入贝壳，
待贝壳装满，及时通知理财师.
注意事项：轻拿轻放.
破碎换新需交纳10
在墙上乱涂乱画，罚款一个贝壳！
理财课意外中断……

狐狸还要猴子学习认大表格——
要认识大表格。
什么？大表哥？
业务范围：
新鲜鸡蛋

记账也是管理零花钱的一个好办法。认真记录我们的每一笔收入和花销，可以养成做事有计划、购物有预算的好习惯，增强我们的自律和管理钱财的能力。
学习记账。
起止日期：每月1日—30日
记账要求：无错别字.
1日—30日
收入
花费
项目
备注

幸好，除了猴子被小鸡追着多跑了两圈，这次课程并未引起任何风波。

新的一月开始了。

理财师狐狸紧跟他的顾客。

1 日，猴子帮母鸡遛小鸡，挣了 2 枚贝壳。买无花果花了 1 枚贝壳。剩余 1 枚贝壳。

狐狸理财
免费赠送
1日
收入 2枚贝壳。
花费 1枚贝壳。
项目 帮母鸡遛小鸡。
买无花果。
备注 小鸡不听话。
下次加贝壳！
此表格版权为本人所有，抄袭必究！

“当——”

一枚贝壳被扔进罐子。

2日，猴子为园丁鸟太太采花挣了2枚贝壳。

帮羊修篱笆挣了3枚贝壳。

大黄狗请猴子吃饭。今天剩余5枚贝壳。

当！当！当！当！当！5枚贝壳被扔进罐子。好开心呀！

3 日，下雨，猴子待在家里，没有挣贝壳。买了一顶斗笠，花了 1 枚贝壳。还送给流浪鼠 1 枚贝壳。

猴子决定今后自己做记录。

转眼到了月底，表格填满了，猴子拿给狐狸看。

狐狸很不满意。

48枚 −28枚 =20枚

猴子却不这么想。

时间过得飞快。一天，猴子跑去找狐狸，原来存钱罐满了。
你干什么？
把罐子砸碎，来一次贝壳大清点。

再买罐子还要花 5 枚贝壳！

猴子决定请流浪鼠帮忙，把贝壳一枚接一枚运出来。

存进野猪银行，
挣利息！
清点完成，一共有82枚贝壳！
钱积攒到一定程度，我们可以考虑存进银行，这样还可以挣利息，能给我们带来更多零花钱。

野猪和螳螂高兴地接待了他们。

分别时狐狸留下一句话，猴子牢牢记在心里。
还可以再省省。

收入
花费
项目
1-10
11-20

猴子决定不再聘请理财师。

读后感

心心 4岁

▶《贝壳变成了钱》

看了这个故事，我也想有好多贝壳。不过我有好多硬币，装在存钱罐里。我可以用它们换来好多漂亮的贝壳。

▶《乌鸦想挣钱》

这只乌鸦原来很懒，后来它发现贝壳是钱，于是就努力工作。它很聪明，足智多谋，就像《乌鸦喝水》里面的乌鸦一样。它用自己的点子帮助了别人，自己也挣了更多的贝壳。我希望长大以后，也能像这只乌鸦一样聪明，用自己的智慧去帮助大家，也帮自己挣更多的钱！

陈嬿茜 9岁

宋易阳 11岁

▶《野猪先生开银行》

读了《野猪先生开银行》这本书，我知道了银行的来历。有了这些知识，银行对我来说不再神秘。野猪能成为大银行家真是了不起！我在想，野猪将来会不会把银行开到更多的地方呢？

▶《爱花钱的园丁鸟》

乱花钱不是好习惯！花钱要有计划。我特别喜欢布谷鸟村长，它特别有爱心，收留了园丁鸟太太。园丁鸟太太后来也变了。我以后买玩具也要有计划。

笑笑 5岁

李晗宇 6岁

▶《猴子的记账本》

哈，真好玩的故事。我好想有一个小猪存钱罐啊，这样就能把我的零花钱都存起来了。对了，我也要像猴子一样，学会记录，期待年底能用零花钱买我心爱的玩具。

▶《野猪富翁的烦恼》

野猪有钱了，可是它不快乐，帮助别人才能快乐。

南灏尊 4岁

小朋友，读完这几本书，你有什么想法和收获呢？也来说一说，写一写吧！